基礎針法就OK！

小草花刺繡口金包

| 菲菲小舍—鍾少菲◎著 |

作者序

　　摸索刺繡的這些日子裡，覺得花草的主題總是能引人入勝而又容易上手，特別適合初學者，但要繡些什麼樣的植物花卉才能新鮮又有趣呢？想了想，不如就從我們的身邊找起吧！台灣多樣貌的生態環境，應該有著各式各樣的植物等著我去發掘。

　　在查找台灣花草資料的同時，自己也經常隨著思緒彷彿遊走於山野森林間，迷人的植物姿態重新觸動內心的熱情與喜悅，以刺繡記錄腦海裡的畫面，做成可愛的口金包，將美麗的心情時刻收在身旁，希望也能為正在閱讀此書的你提供一段美好的旅程。現在準備好針線與工具，讓我們一起來刺繡吧！

市面上的口金以金屬居多，但也有一些不同材質，例如：塑膠、木頭…等，各種不同的形狀、尺寸、材質與布料搭配起來各有風格，唯獨需注意版型與口金框是否吻合，以免組合不起來。

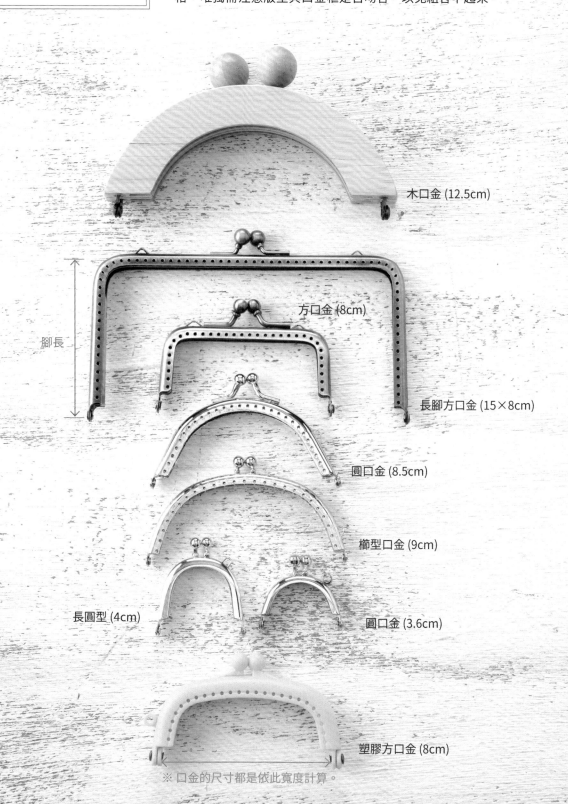

木口金 (12.5cm)

方口金 (8cm)

腳長

長腳方口金 (15×8cm)

圓口金 (8.5cm)

櫛型口金 (9cm)

長圓型 (4cm)

圓口金 (3.6cm)

塑膠方口金 (8cm)

※ 口金的尺寸都是依此寬度計算。

目錄
Contents

*embroidery
frame purse*

{ 刺繡前置作業 }

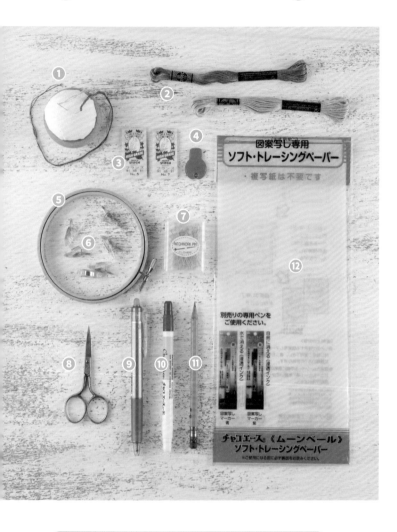

＊基本工具＊

① 針插　② DMC25 號繡線
③ 刺繡針 7 號：1-2 股線使用
　　刺繡針 5 號：3-4 股線使用
　　刺繡針 3 號：5-6 股線使用
④ 穿線器　⑤ 木製繡花框 10-15 公分
⑥ 布用固定夾（布料接合時固定用）
⑦ 珠針　⑧ 線剪　⑨ 擦擦筆 0.7
⑩ 水消筆（鋪棉記號用）　⑪ 鉛筆
⑫ 刺繡轉寫襯

＊整理繡線＊

（本書使用 DMC25 號繡線）

藍：買回來時的繡線，一整條長約 8 m。
黃：剪成每段 80cm，將印有色號的紙管
　　套回。
粉：分成三股綁成麻花辮待用。

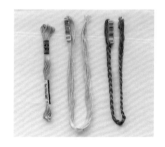

＊轉印圖案＊

1. 將刺繡轉寫襯放置於圖稿上方用鉛筆描繪。
2. 把描好的刺繡轉寫襯置於要用的刺繡布料上，用熱消筆依鉛筆線描於布上。
3. 將布料用繡框繃好，準備刺繡。

＊穿線＊

0. 一條繡線裡面可以分成六小股，需要時一股一股單獨抽出後再整理，若一次抽兩
股以上容易打結。

1. 從整理好的線段中心點，紙管旁用針挑出一股線。

2. 先拉出其中一邊，再將另一側拉出來，抽出來的線對齊整理好。

3. 將穿線器的鐵絲端穿入針頭。

4. 把需要的線穿入穿線器的鐵絲中。

5. 將穿線器抽出來，線段同時會順著穿入針孔裡。

6. 將線段調整成一長一短備用。

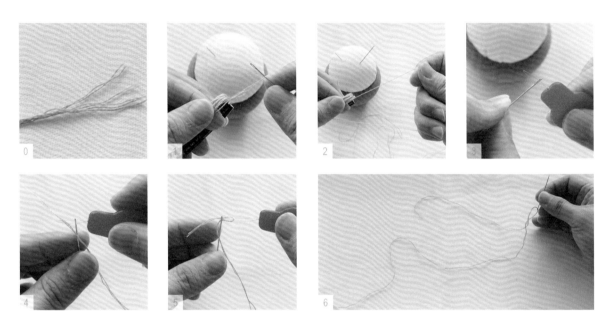

＊起針＊

（不干擾刺繡圖案的打結方式）

1. 靠近圖案的外側挑一針。

2. 將線段拉出後留一小節約 8cm，並用左手大拇指壓住。

3. 橫跨左手壓住的線段入針。

4. 拉進去的線會剛好綁住預留的小線段，當作打結，之後就可以開始刺繡囉！

※ 留在外側的線段可用紙膠帶暫時固定，方便作業。

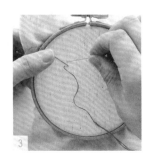

＊收尾打結＊

1. 繡完圖案後翻至背面，距離結束最後一針的旁邊線段挑一針，並將針拉出。
2. 步驟1會形成一個線圈，將針再次穿入線圈內。
3. 拉緊後打結完成。
4. 再次於旁邊線段挑一針藏線，這個步驟是將收尾的線段收好，比較美觀整齊。
5. 剪斷繡線完成收尾打結。

＊起針的收尾方式＊

（圖案繡完後將起針收尾打結）

1. 將起針的線段挑起來。
2. 翻至背面再把線段挑到後面。
3. 用穿線器將線段穿入針內。
4-5. 依照「收尾打結」的方法打結並藏線。
6. 剪斷繡線，完成起針的收尾。

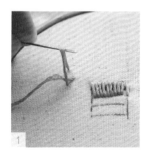

{ 基本刺繡技法 }

01 直針繡

1. 從圖案開端出針。

2. 在想要的距離入針。

3. 拉平成一條直線。

4. 重複 1-3 步驟，完成直針繡。

02 直針繡變化 1 － 長短直針交錯編織的變化版

此針法用於本書 P.95「波緣葉櫟」殼斗的上層繡法（下層先以輪廓繡填滿，此處略）

1. 依照記號圖案選擇最邊角的一點出針。

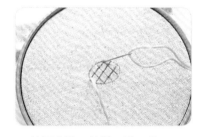

2. 依照步驟 1 的對面點入針。

3. 將線段拉平。

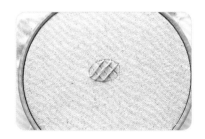

4. 將同方向的直針都繡完。

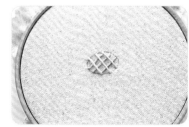

5. 依照 1-4 步驟將另一個方向的直針疊上去。

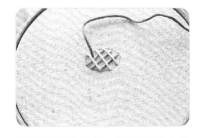

6. 選擇最旁邊的一個交叉點上方出針。

7. 跨過交叉點線段入針拉緊。

8. 重複 6-7 步驟將每一個交叉點完成。

＊此針法用於本書 P.95「波緣葉欖」

03 直針繡變化 2 —緞面繡

各種不同的形狀都可以使用此針法，以葉子形狀為例。

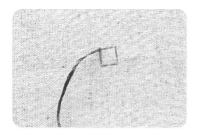

1. 從圖案開端出針。

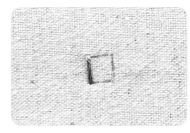

2. 往下水平點入針後拉平。

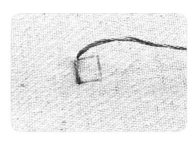

3. 於開端點旁邊再出針。

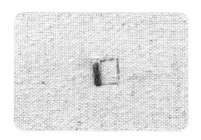

4. 往下水平點入針後拉平。

5. 每條直線都要很靠近，才不會露出布面，重複 3-4 步驟完成一個填滿的緞面繡。

6. 在圖案最長的距離處找一個出針點。

7. 並在平行的對面位置最遠端入針後拉平。

8. 依照記號圖在步驟 6 右側出針。

9. 依照記號圖在平行的對面位置入針後拉平。

10. 重複 8-9 步驟將葉子右邊繡滿。

11. 重複 8-10 步驟將葉子左邊繡滿，完成葉子形狀緞面繡。

04 長短針 當需要大面積的滿版繡花時，長短針也是一個很好的選擇。
先將需要繡花的面積分成四等分或更多，示範針法以四等分為一個循環。

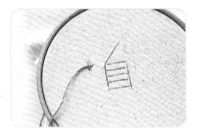 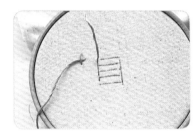 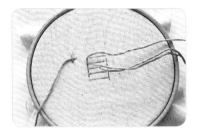

1. 在圖案的左上方點出針。

2. 將線段拉出。

3. 於第一等分的底端入針。

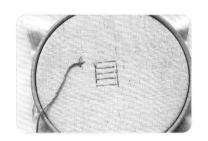 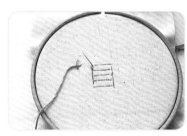 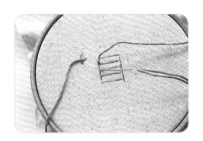

4. 將線段拉進去。

5. 在步驟 1 右邊一點點出針。

6. 於第二等分的底端入針。

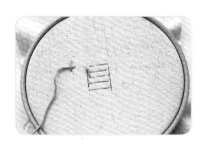 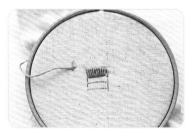 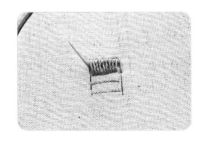

7. 將線段拉進去。

8. 重複步驟 1-7 一短針一長針重複，完成第一排（以藍色繡線表示）。

9. 在步驟 3 同一個點出針。

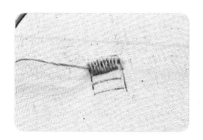

10. 將線段拉出。

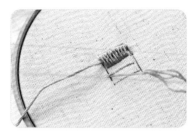

11. 於第三等分的底端入針。

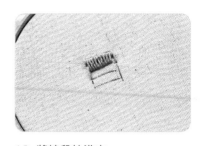

12. 將線段拉進去。

13. 在步驟 6 同一個點出針。

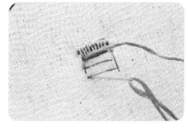

14. 於第四等分的底端入針。

15. 將線段拉進去。

16. 重複步驟 9-15 一上一下，但每一針都是長針，完成第二排（以綠色繡線表示）。

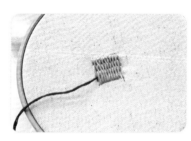

17. 在步驟 11 同一個點出針。

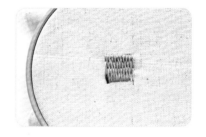

18. 於第四等分的底端入針。

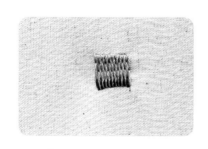

19. 重複步驟 17-18 每一針都是短針，將第四等分的空缺補齊，完成第三排（以深紫色繡線表示），緞面繡的一個循環完成。

※ 如果需要填滿的圖案面積較大、超出四等分時，中間增加的分層請重複步驟 9-16，持續填滿，於結束的最後一層再參照步驟 17-18 收尾。

※ 此針法用於本書的 P.79「楓葉」松鼠填滿。

05 結粒繡

1. 從預設位置出針。

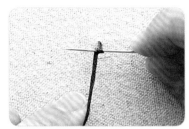

2. 以針繞線 1 或 2 圈。

3. 左手拉住線不放，從出針點旁的位置再入針。

4. 用左手將線頭拉至布面端，並將針往下拉。

5. 結粒繡完成。

6. 左邊為 1 圈結粒繡、右邊為 2 圈結粒繡。

06 雛菊繡

1. 從圖案的底端出針。

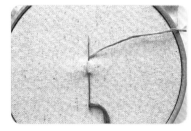

2. 再從步驟 1 同一個點入針，從圖案頂端出針，針不要拉出來，將線段置於上方出針點。

3. 將針拔出形成一個線圈。

4. 整理出需要的形狀後拉平。

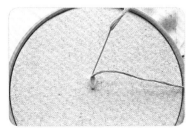

5. 於線圈的上方入針。

6. 拉緊後將線圈整理好，基本的雛菊繡完成。

1. 先做一個基本的雛菊繡。

2. 再從底端外側出針。

3. 從頂端內側入針。

4. 雛菊繡加針完成。

＊此針法用於本書 P.51「毬蘭」花瓣
及 P.73「含羞草」葉子

1. 接續「雛菊繡」步驟 6，由底端內側出針。

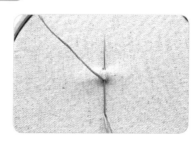

2. 將線完全拉出後，在上一個步驟同一點入針，並於頂端內側出針，針不要拉出。

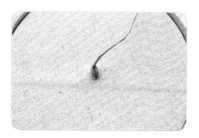

3. 重複「雛菊繡」步驟 3-6，往內做出第二層雛菊繡。

4. 再用一樣的方式往內做第三層雛菊繡。

＊此針法用於本書 P.61「蒺藜」花瓣

09 輪廓繡（又稱枝幹繡）

1. 在圖案的最前端出針。

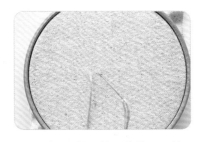

2. 目測所需針距的兩倍位置入針。

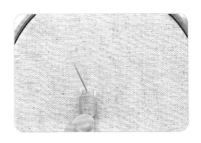

3. 留一小段線不要拉平，並從兩端的中間出針。

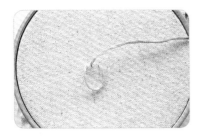

4. 將線段拉出。

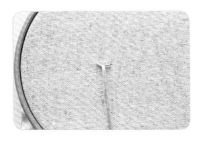

5. 將線段整裡朝下方。

6. 於下一段針距入針後，在步驟 2 的入針點出來。

7. 完成兩次輪廓繡。

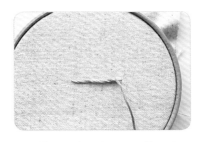

8. 重複 6-7 步驟直到需要的長度。

＊輪廓繡也可以一排緊鄰著一排組成一個平面。

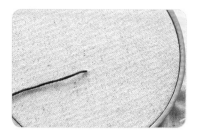

1. 從圖案的最底部出針。

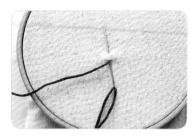

2. 再從上一個步驟的出針點入針，目測所需要的長度出針，針不要拔出。

3. 將線段置於出針點下方。

4. 將線段拉出形成一個圈圈。

5. 在步驟 2 的出針點入針，目測需要的長度出針，針不要拔出。

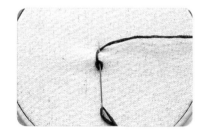

6. 將線段置於出針點下方。

7. 將線段拉出形成一個圈圈。

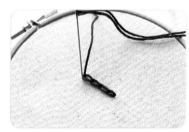

8. 一直重複步驟 5-7 就可以做成一條鎖鏈。

9. 最後收尾方式於最後一個線圈的上方外側入針拉緊即可。

{ 縫製口金使用的針法 }

＊開頭打結＊

1. 將長邊線段置於針下。

2. 左手捏住針，右手將線繞針一圈。

3. 左手大拇指輕捏線圈，右手將針抽出。

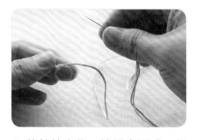

4. 將針抽出後，線圈會形成一個結。

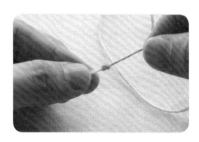

5. 打結完成。

＊此處示範為單線打結，在不影響刺繡圖案時（針法不會回到起針處時）可以使用此打結方式。手縫線縫口金起針時，請將線段拉齊，雙線打結。

＊收尾打結＊

1. 將針放置在最後一個線段處。

2. 線繞針一圈。

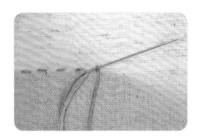

3. 線圈用大拇指輕壓（圖中線圈為大拇指放開的樣子）。

4. 將針從線圈中抽出。

5. 打完結後的線段穿入附近線段內，重複兩針以藏線。

6. 將線剪斷。

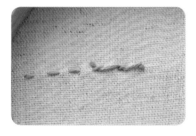

7. 收尾打結完成。刺繡的收尾打結法相同。

＊平針縫＊

1. 從背面將線段穿出。

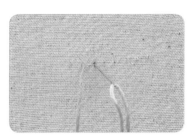

2. 目測需要的距離後下針，將線段往後拉。

3. 相隔上步驟同樣距離再將線段往前出針。

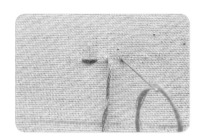

4. 重複步驟 2。

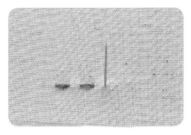

5. 重複步驟 3

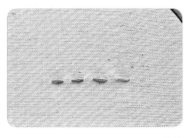

6. 不斷重複步驟 2-5 直至需要的長度。

＊此針法用於縫式口金的包口壓線。

＊回針縫＊

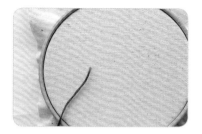

1. 從背面將線段穿出。

2. 目測需要的距離後下針，將線段往後拉。

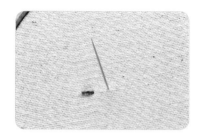

3. 相隔上步驟同樣距離再將線段往前出針。

4. 於步驟 2 入針點重複入針。

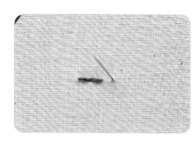

5. 重複步驟 3。

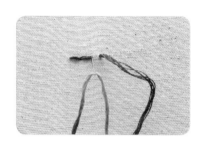

6. 於步驟 3 出針點重複入針。

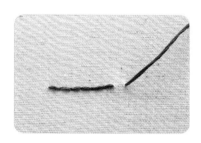

7. 不斷重複步驟 5-6 直至需要的長度。

＊此針法用於所有口金製作時的布料接合處，或用縫紉機 2.5 針距代替。

以下針法用於返口接合處，所有出入針的位置，分別位於兩個裁片各自的完成線上。

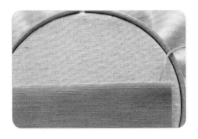

1. 從紫色布料的後方出針。

2. 出針處正對面的米色布料挑一針。

3. 將線段拉出。

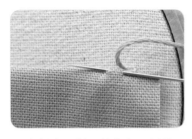

4. 出針處正對面的紫色布料挑一針，將線段拉出。

5. 重複步驟 2-4 直到需要縫合的開口完成。

6. 藏針縫完成的樣子，幾乎看不到縫線，縫線請選擇與布料色相近，會更不明顯。

刺繡圖
使用說明

（以 P.45「野草莓」為例）

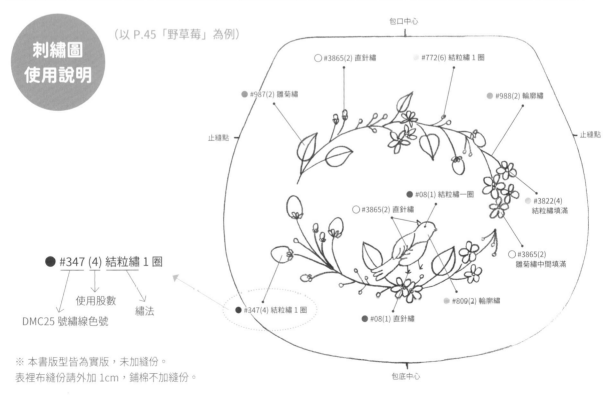

● #347 (4) 結粒繡 1 圈

使用股數　　繡法

DMC25 號繡線色號

※ 本書版型皆為實版，未加縫份。
表裡布縫份請外加 1cm，鋪棉不加縫份。

包口中心

○ #3865(2) 直針繡　　　 #772(6) 結粒繡 1 圈

● #987(2) 雛菊繡

● #988(2) 輪廓繡

止縫點　　　　　　　　　　　　　　　　　　止縫點

● #08(1) 結粒繡一圈

○ #3865(2) 直針繡

● #3822(4)
結粒繡填滿

○ #3865(2)
雛菊繡中間填滿

● #347(4) 結粒繡 1 圈

● #809(2) 輪廓繡

● #08(1) 直針繡

包底中心

20

﹛製作口金包的工具與材料﹜

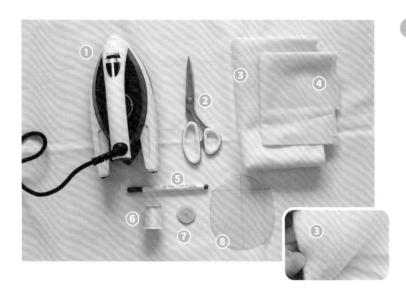

＊製作口金包的工具與材料＊

① 熨斗
② 布剪
③ 單膠鋪棉
（可選擇較厚，單面有上膠的鋪綿）
④ 薄布襯
⑤ 水消筆
⑥ 手縫線
⑦ 縫份圈
⑧ 版型

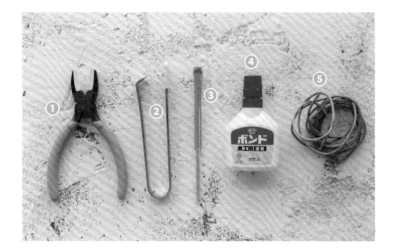

＊黏合式口金專用工具材料＊

① 口金專用尼龍鉗子
② 口金專用固定夾
③ 口金專用雙頭錐子
④ 木工用白膠
⑤ 紙繩

山葡萄
口金包

embroidery
frame purse

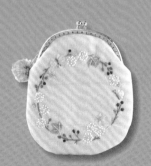

種類繁多的山葡萄也有各式各樣的別名，野生的山葡萄可以在山區灌木叢間或是開闊的平野找到其蹤跡，台灣目前有農家零星栽培，食用與藥用的歷史悠久，植物不同的部位各有功效，但有的野生山葡萄果漿是有毒的喔！

刺繡 1:1 完成圖——山葡萄

青色、紫色、藍色的小果子串起三角狀愛心般的綠葉和花朵，環繞著翩翩的小蝴蝶，圈成一個美麗的花環。

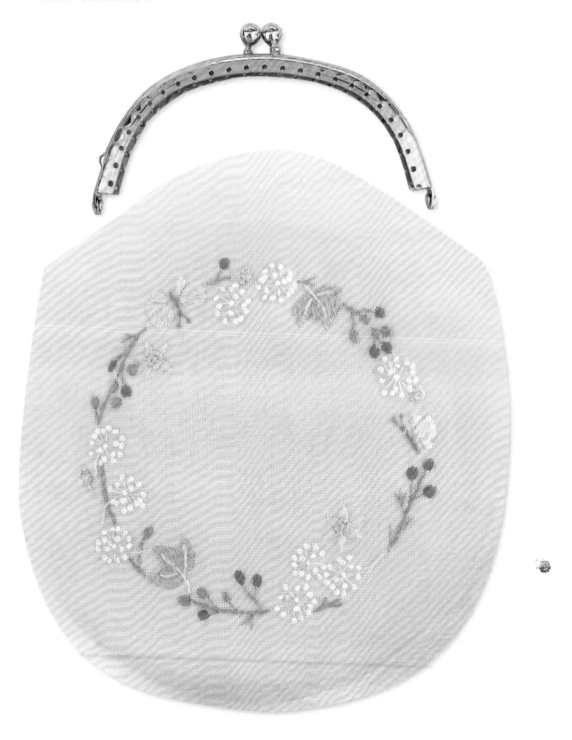

刺繡材料 ▶ DMC 繡線：

● #701 綠　　　　● #435 褐色　　　　○ #3865 白

● #703 黃綠　　　● #828 淡藍　　　　● #33 淺紫

　 #15 黃綠　　　● #155 紫　　　　　 #745 淡黃

※ 本書版型皆為實版，未加縫份。表裡布縫份請外加 1 公分，鋪棉不加縫份。

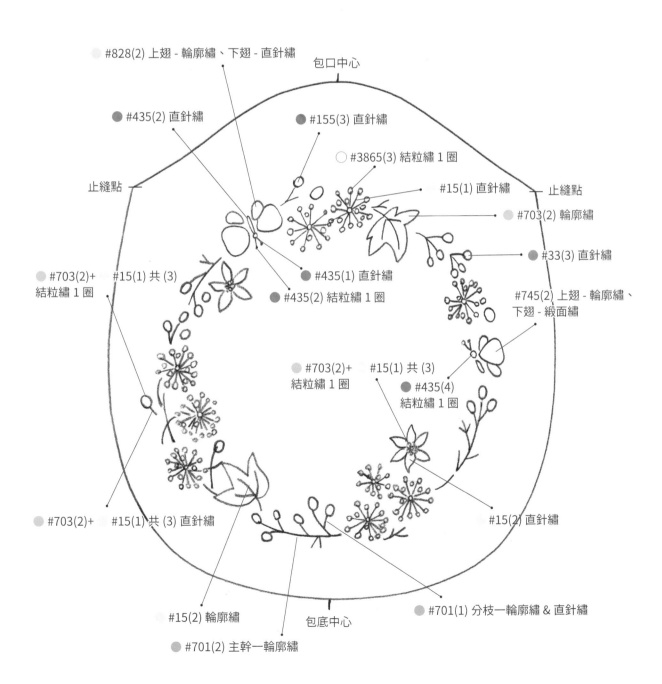

#828(2) 上翅 - 輪廓繡、下翅 - 直針繡

包口中心

● #435(2) 直針繡

● #155(3) 直針繡

○ #3865(3) 結粒繡 1 圈

止縫點

#15(1) 直針繡

止縫點

● #703(2) 輪廓繡

● #33(3) 直針繡

● #703(2)+ #15(1) 共 (3)

● #435(1) 直針繡

● #435(2) 結粒繡 1 圈

#745(2) 上翅 - 輪廓繡、下翅 - 緞面繡

● #703(2)+ 結粒繡 1 圈

#15(1) 共 (3)

● #435(4) 結粒繡 1 圈

#15(2) 直針繡

● #703(2)+ #15(1) 共 (3) 直針繡

#15(2) 輪廓繡

包底中心

● #701(1) 分枝－輪廓繡 & 直針繡

● #701(2) 主幹－輪廓繡

山葡萄 原寸繡圖 ▶ p.25

口金包
材料

✓ 表布 20×35 公分
✓ 裡布 20×35 公分
✓ 單膠鋪棉 20×35 公分
✓ 櫛型口金框 9 公分

[How to make 製作方法]

01 用熱消筆將刺繡圖案轉寫於布上。

02 將布料用繡框繃好。

03 繡花圖完成。

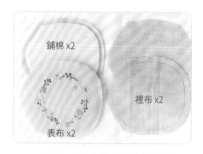

鋪棉 x2
裡布 x2
表布 x2

04 把表、裡布與單膠棉裁剪好，並將單膠棉燙於表布背面。

05 將單膠棉燙於表布背面，鋪棉有膠面與表布背面相對，從正面熨燙，約 150 度 10 秒（一般家用熨斗轉到「棉」的刻度位置），熨燙時請給予溫度但不要施壓，以免鋪棉變形。

06 表布正正相對、裡布正正相對，由其中一側止縫點沿完成線往下車至另一側止縫點（如紅虛線）。

07 將表裡布正正相對套好。

08 將包口縫合，由其中一側止縫點沿完成線車至另一側止縫點，注意不要車到縫份。

返口

09 於包口其中一側留返口，包體所有縫份有弧度的地方修剪牙口，返口除外。

10 從返口翻至正面。

11 返口藏針縫收口。

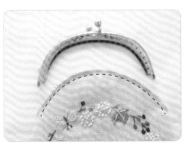

12 包口縫口金的位置整圈臨邊0.3cm 平針縫。

13 取包口一側中心與口金框一側中心對齊,用口金固定器固定好,另一側同。

14 新手可用手縫線以捲針假縫固定口金框,拆掉口金固定器後備用。

15 雙線打結,從口金框正中心下方入針穿至包內側,並將線頭藏於口金框內。

16 從最靠近中心左側的口金洞出針。

17 往左邊的下一個口金洞入針穿到包的內側。

18 參考 P.55「毬蘭」步驟 16-23。

19 一樣的方式再往中心點回縫。

20 最後從中心點的口金洞出針,緊接著打結,並由原洞口入針,將結藏入口金洞內,線段從口金包內側穿出剪斷。

21 另一邊口金框以一樣的方式縫上完成。

蒲公英
口金包

embroidery
frame purse

野生蒲公英大多分布在台灣中部以北的海濱沙地，有台灣原生種及西洋歸化種。人們很早就拿蒲公英來做藥，連本草綱目都有記載，所以蒲公英有「藥草皇后」的別稱，另外也可當野菜食用。

刺繡 1:1 完成圖──蒲公英

徐徐微風輕輕吹散白色的絨毛球，蒲公英的種子隨風散漫，在空中跳著清麗的舞步。

刺繡材料　DMC 繡線：
○ #B5200 白　　　● #08 深棕
● #07 棕　　　　● #319 深綠

※ 本書版型皆為實版，未加縫份。表裡布縫份請外加 1 公分，鋪棉不加縫份。

* ①～④為刺繡順序

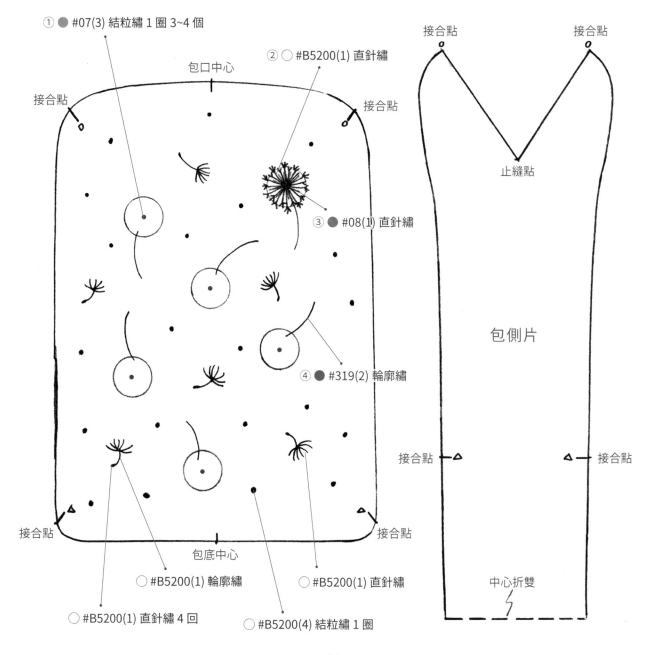

① ● #07(3) 結粒繡 1 圈 3~4 個

② ○ #B5200(1) 直針繡

③ ● #08(1) 直針繡

④ ● #319(2) 輪廓繡

包口中心

接合點

接合點

接合點

包底中心

○ #B5200(1) 輪廓繡

○ #B5200(1) 直針繡 4 回

○ #B5200(1) 直針繡

○ #B5200(4) 結粒繡 1 圈

接合點　　　接合點

止縫點

包側片

接合點　　　接合點

中心折雙

蒲公英 原寸繡圖 ▶ p.31

口金包 材料

✓ 表布 20×35 公分 ✓ 單膠鋪棉 20×35 公分
✓ 裡布 20×35 公分 ✓ 方型口金 8 公分

[How to make 製作方法]

01 中心淺咖啡色結粒繡數個，白色繡線以中心向外繡直針至記號位置一圈。

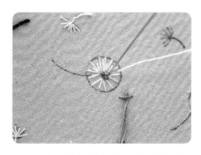

02 第二圈或長或短繡直針於步驟 1 位置的中間，同樣繞中心一圈。

03 於步驟 1 每一針位置的外側頂端繡 2-3 個放射狀直針。

04 在白色直針縫隙中穿插咖啡色直針。

05 重複步驟 1-4 即可完成一小朵蒲公英。

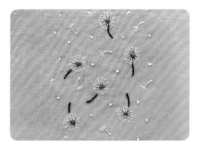

06 繡花圖完成，將繡框拆下後整燙平整。

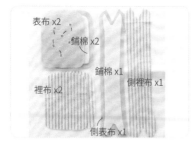

07 將表、裡布裁片準備好，單膠鋪棉燙於表布。

08 表裡布各自組合好，並將包口結合起來（包體組合方式參考 P.62「蒺藜」）。

09 從返口翻至正面。

10 返口藏針縫，包口以捲針縫固定紙繩。

11 其中一邊口金框內側均勻上白膠，可用竹籤或錐子協助。

12 將其中一邊布料以包口中心對準口金其中一側中心，塞入框內，另一側口金框以相同方式製作。

13 最後於接近止縫點兩側的口金框用鉗子分次慢慢夾緊，不要一次太用力，免得口金框變形。

14 待白膠乾後完成。

玉山飛蓬
口金包
embroidery
frame purse

土生土長的玉山飛蓬爲台灣原生特有植物，若想見一見她們，那得登高至海拔 3400-3900 公尺的山區，也許是向陽路旁，也許是陽光充足的岩屑坡上，你會見到成片的小野菊。

南國小薊遍布台灣全島濱海砂礫地，尤其東北角海岸，或中低海拔山徑空曠處也能尋見，春天盛開花期時最受蜜蜂及蝴蝶青睞。

南國小薊
口金包
embroidery
frame purse

刺繡 1:1 完成圖──玉山飛蓬

五月的陽光穿過黃白相間的小花朵，岩石隙縫中堅毅的生命，襯著水藍色的天空與一抹白雲。

刺繡材料

DMC 繡線：
- ⬤ #704 草綠
- ⬤ 906 草綠
- ○ #BLANC 淺米
- ⬤ #744 黃
- ⬤ #743 黃

※ 本書版型皆為實版，未加縫份。表裡布縫份請外加 1 公分，鋪棉不加縫份。

花心花瓣：
- ⬤ #744(2) 結粒繡 1 圈
- ⬤ #743(2) 結粒繡 1 圈
- ○ #BLANC(4) 直針繡 1 回

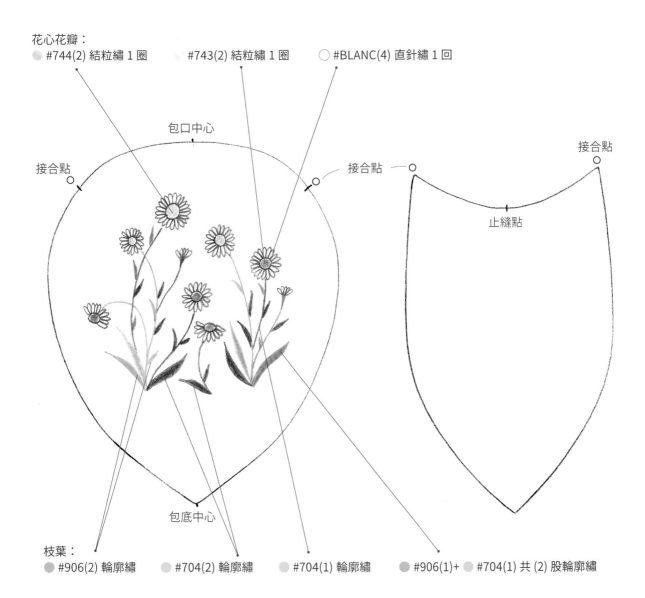

包口中心

接合點

接合點

接合點

止縫點

包底中心

枝葉：
- ⬤ #906(2) 輪廓繡
- ⬤ #704(2) 輪廓繡
- ⬤ #704(1) 輪廓繡
- ⬤ #906(1)+ ⬤ #704(1) 共 (2) 股輪廓繡

刺繡 1:1 完成圖——南國小薊

山邊水畔，漫沙捲地，綻放一片紫紅。

刺繡材料　DMC 繡線：
- ● #319 墨綠
- ○ #368 淡綠
- ○ #3836 淺紫
- ● #33 紫

※ 本書版型皆為實版，未加縫份。表裡布縫份請外加 1 公分，鋪棉不加縫份。

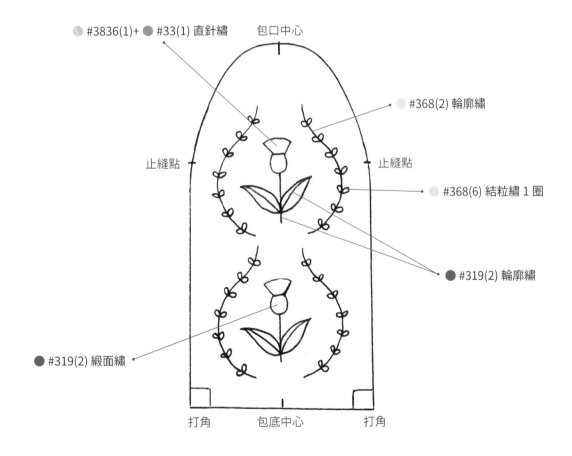

玉山飛蓬　原寸繡圖 ▶ p.37

原寸繡圖 ▶ p.37

口金包材料

- ✓ 表布 12×20 公分
- ✓ 側表布 12×20 公分
- ✓ 裡布 24×20 公分
- ✓ 單膠鋪棉 24×20 公分
- ✓ 圓口金框 8.5 公分

[How to make 製作方法]

01 把表、裡布與單膠棉裁剪好，並將單膠棉燙於表布背面。

02 將單膠棉燙於表布背面，鋪棉有膠面與表布背面相對，從正面熨燙，約 150 度 10 秒（一般家用熨斗轉到「棉」的刻度位置），熨燙時請給予溫度但不要施壓，以免鋪棉變形。

03 表布前後片分別與表布側片接合（如紅虛線）。

04 再將兩組半成品接合，裡布亦同。

05 將表裡布正正相對套好，將包口縫合，返口位置預留在背面，包口縫份有弧度的地方修剪牙口，返口除外，從返口翻至正面。

06 返口藏針縫，包口縫口金的位置整圈臨邊 0.3cm 平針縫（如紅虛線）。

07 取包口一側中心與口金框一側中心對齊，用口金固定器固定好，另一側同。

08 新手可用手縫線以捲針假縫固定口金框，拆掉口金固定器後備用。

09 參考 P.55「毬蘭」步驟 13-27 完成口金框縫製。

南國小薊　原寸繡圖 ▶ p.39

口金包材料

✓ 表布 15×15 公分
✓ 裡布 15×15 公分
✓ 單膠鋪棉 15×15 公分
✓ 長圓口金框 4 公分

[How to make 製作方法]

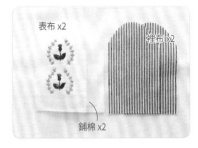

01 將表、裡布裁片準備好,單膠鋪棉燙於表布。

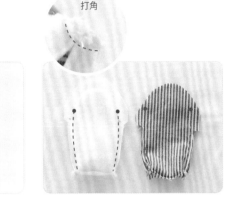

02 表裡布各自接合底部。

03 表布正正相對,左右側縫合後將縫份燙開,並於底部打角,裡布亦同。

04 將表裡布正正相對套好,包口縫合,不留返口,記得不要車到縫份。

05 把表布的底部拆開一點,當作是返口並翻至正面。

06 翻至正面後,包口以捲針縫固定紙繩。

07 其中一邊口金框內側均勻上白膠,可用竹籤或錐子協助。

08 將其中一邊布料以包口中心為準對齊一側口金中心塞入框內,另一側口金框以相同方式製作。

09 於接近止縫點兩側的口金框用鉗子分次慢慢夾緊,不要一次太用力,免得口金框變形。

10 最後把表布底端的返口以藏針縫方式縫合後完成。

野草莓
口金包

embroidery
frame purse

台灣野草莓有一個可愛的名字，台語叫「刺波」，河堤邊上、山間小路常常可以看見她們，酸酸甜甜的果實也是小鳥、昆蟲還有哺乳類小動物們喜愛的食物。

刺繡 1:1 完成圖——野草莓

交錯的藤蔓、充滿小鋸齒的翠綠色羽狀複葉、晶瑩剔透如紅寶石般的小果實，
還有吱喳的鳥兒，在我的腦中編織成一個迷人的花圈。

刺繡材料

DMC 繡線：

- #987 綠
- #772 綠
- #988 綠

- ○ #3865 白
- ● #347 紅
- ● #08 咖啡

- #809 藍
- #3822 黃

※ 本書版型皆為實版，未加縫份。表裡布縫份請外加 1 公分，鋪棉不加縫份。

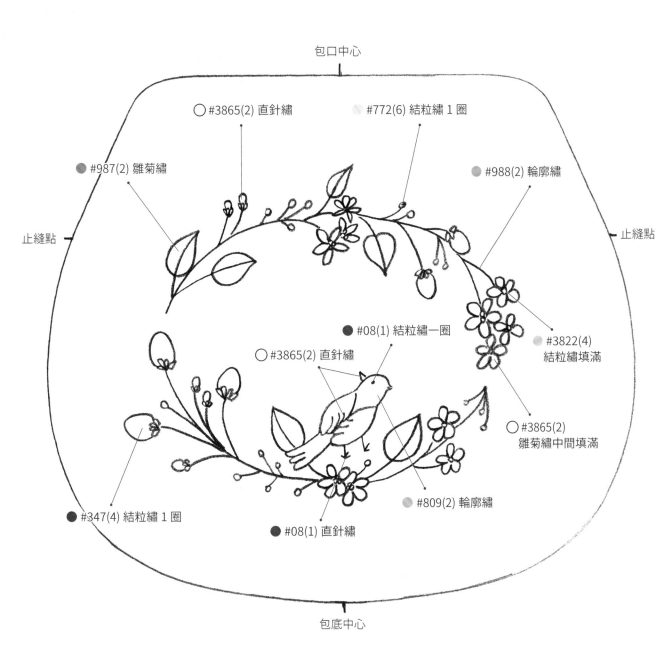

包口中心

○#3865(2) 直針繡

#772(6) 結粒繡 1 圈

● #987(2) 雛菊繡

#988(2) 輪廓繡

止縫點

止縫點

● #08(1) 結粒繡一圈

○ #3865(2) 直針繡

#3822(4)
結粒繡填滿

○#3865(2)
雛菊繡中間填滿

#809(2) 輪廓繡

● #347(4) 結粒繡 1 圈

● #08(1) 直針繡

包底中心

野草莓　原寸繡圖 ▶ p.45

口金包 材料

- ✓ 表布 20×20 公分：2 片
- ✓ 裡布 20×20 公分：2 片
- ✓ 單膠鋪棉 18×30 公分：1 片
- ✓ 方型口金框 12 公分：1 個
- ✓ #165 線 1 束（選擇性，製作流蘇用）

[How to make 製作方法]

01 先將圖案轉寫至布料上（請參照 P.06 轉印圖案）並將布料繃於刺繡框上。

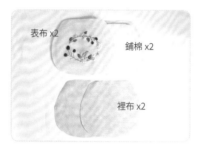

表布 x2　鋪棉 x2　裡布 x2

02 繡好後將刺繡框拆下，布料用熨斗燙平整，依照版型剪下表、裡布、單膠棉各 2 片，並將單膠棉以熨斗熨燙固定於表布後方。

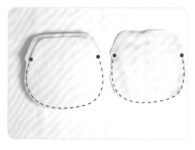

03 表、裡布各自正正相對，下圈車縫固定（如紅虛線），止縫點需回針。

04 表裡布正正相對，套在一起。

05 表裡布接合，其中一邊包口請留返口。

06 請注意接合時將縫份推開車至止縫點，縫份不能車住。

07 車縫完成後，除返口處，其餘縫份請剪牙口。

08 翻至正面　並將返口以藏針縫縫合。

09 上口金前將包口臨邊整圈 0.3cm 平針縫壓線不要剪斷，以便依照口金的大小微調布料。

10 包口中心點對準口金中心點，調整平順後以口金專用固定釦暫時固定位置。

11 另外起針以捲針縫將口金與包口暫時假縫固定好，拆下口金專用固定釦。

12 兩股手縫線尾端打結，從口金正中洞洞下方進針，將線頭藏於口金內。

13 以平針縫往口金左側縫至最後一個洞。

14 翻至背面，一樣用平針縫往中心點縫回去。

15 將步驟 13 空下來的位置補上，縫至中心點。

16 重複步驟 13-15 將右邊的口金縫上，另一側作法相同。

17 加上吊飾完成。

酸甜野草莓招來
幸福的青鳥。

毬蘭非蘭，只因葉片像蘭花葉而得名。野生毬蘭喜歡陰涼潮濕的環境，攀附岩壁或樹幹上，當你漫步在林間步道時別忘了抬頭找找。

毬 蘭
口金包
embroidery
frame purse

台灣 3000 公尺以上的高海拔山區住著一群小精靈，他們會在夏日裡的森林邊緣或草地上悄然綻放，迎接登山的旅人。

玉山沙參
口金包
embroidery
frame purse

刺繡 1:1 完成圖——毬蘭

盛開的白色花序，刷上薄薄胭脂，懸垂於林間的淡淡幽香。

刺繡材料

DMC 繡線：
○ #B5200 白
● #3688 梅紅
● #367 綠
● #989 草綠

※ 本書版型皆為實版，未加縫份。
表裡布縫份請外加 1 公分，鋪棉不加縫份。

中心

△ 接合點　　　　包底　　　　接合點 △

中心

包口中心

止縫點　　　　　　　　　　　　　　止縫點

● #367(2) 輪廓繡

○ #B5200(1)
雛菊繡內加 1 針直針

● #989(2) 輪廓繡

● #989(3) 結粒繡 1 圈

● #3688(3) 結粒繡 1 圈

● #989(1) 直針繡

△ 接合點　　　　　包底中心　　　　　接合點 △

刺繡 1:1 完成圖——玉山沙參

山風搖響一串串紫色的風鈴，清脆的鈴聲迴盪在山谷間，彷彿置身夢境。

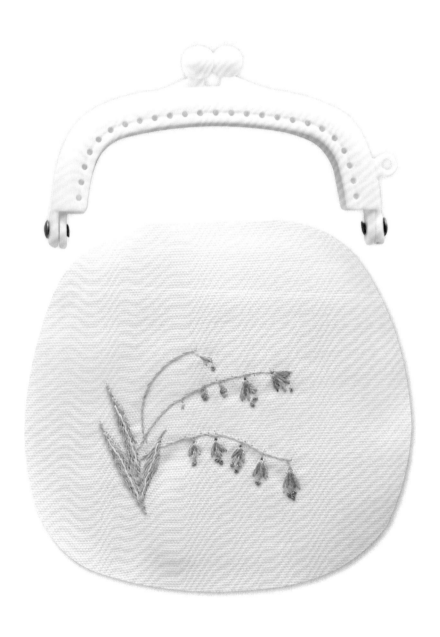

刺繡材料

DMC 繡線：
○ #ECRU 米　　　　　● #3042 淡紫
● #989 草綠　　　　　● #28 紫

※ 本書版型皆為實版，未加縫份。表裡布縫份請外加 1 公分，鋪棉不加縫份。

* ①～⑥為刺繡順序

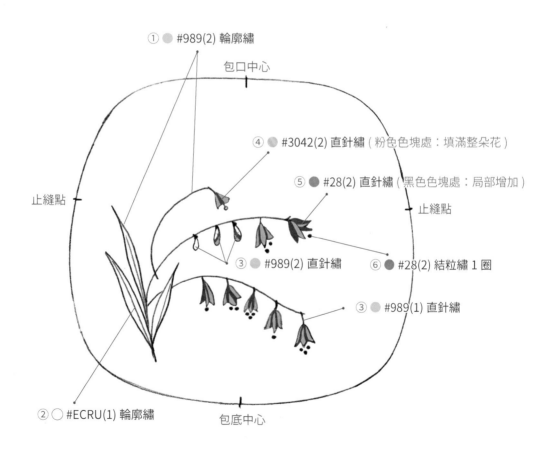

① ● #989(2) 輪廓繡

包口中心

④ ● #3042(2) 直針繡 (粉色色塊處：填滿整朵花)

⑤ ● #28(2) 直針繡 (黑色色塊處：局部增加)

止縫點

止縫點

③ ● #989(2) 直針繡

⑥ ● #28(2) 結粒繡 1 圈

③ ● #989(1) 直針繡

② ○ #ECRU(1) 輪廓繡

包底中心

毬蘭　原寸繡圖 ▶ p.51

口金包材料

- ✓ 表布 30×30 公分
- ✓ 裡布 30×30 公分
- ✓ 單膠鋪棉 30×30 公分
- ✓ 圓口金框 8.5 公分

[How to make 製作方法]

01　將刺繡轉寫襯放置於圖稿上方用鉛筆描下。

02　把描好的刺繡轉寫襯置於要用的刺繡布料上，用熱消筆轉於布上。

03　將布料用繡框繃好。

04　繡花圖完成。

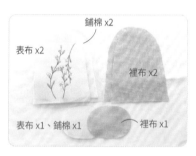

05　把表、裡布與單膠棉裁剪好，並將單膠棉燙於表布背面。

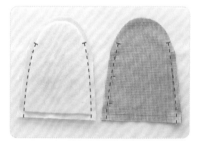

06　表布正正相對、裡布正正相對，兩側直線由止縫點車至底部。（如紅虛線）

07　步驟 6 底部撐開，將包底裁片正正相對接上。（包底裁片請剪 45°斜角牙口）

08　表裡布各自縫合後將表布翻正。

09　將表裡布正正相對套好，包口其中一面縫合留返口。

10 縫份有弧度的地方修剪牙口後從返口翻至正面。

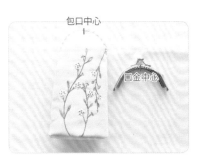

包口中心

口金中心

11 返口藏針縫、包口位置整圈臨邊 0.3cm 平針縫。

12 包口中心與口金中心對齊，將口金框用口金固定器固定好，另一側同。

13 雙線打結，從口金框正中心下方入針穿至包內側，並將線頭藏於口金框內。

14 從最靠近中心左側的口金洞出針。

15 往左邊的下一個口金洞入針穿到包的內側。

16 左邊第三個洞出針，以平針縫的方式進行。

17 由包內向外出針時，只挑一小針，所以會是斜角出針，口金包內側的縫線段才會盡量短，看起來比較美觀。

18 左邊第四個洞入針，入針時垂直即可。

19 以平針縫將左側口金縫完。

20 翻至口金內側出針，往中心點回縫。

21 回縫時一樣用平針縫將剛剛沒有縫線的部分補上。

22 縫至中心點。

23 再往口金右邊以平針縫至右邊止縫點。

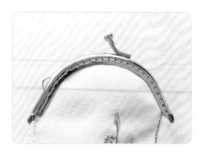

24 一樣的方式再往中心點回縫。

25 最後從口金中心點出針。

26 緊接著打結，並由原洞口入針，將結藏於口金洞內。

27 線段從口金包內側穿出剪斷。

28 另一邊口金也參照步驟 13-27 的方式完成。

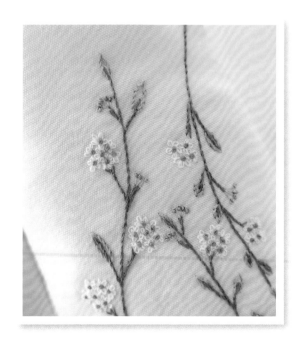

玉山沙參　原寸繡圖 ▶ p.53

口金包
材料

✓ 表布 12×24 公分
✓ 裡布 12×24 公分
✓ 單膠鋪棉 12×24 公分
✓ 方口金框 8 公分

[How to make 製作方法]

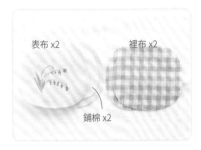

表布 x2　　裡布 x2

鋪棉 x2

01 把表、裡布與單膠棉剪好，並將單膠棉燙於表布背面。

02 表布正正相對、裡布正正相對，由其中一側止縫點沿完成線往下車至另一側止縫點（如紅虛線）。

返回口

03 將表裡布正正相對套好，包口縫合，由其中一側止縫點沿完成線車至另一側止縫點，其中一側留返口，注意不要車到縫份，所有縫份有弧度的地方修剪牙口，返口除外。

04 從返口翻至正面並藏針縫收口。

05 包口縫口金的位置整圈臨邊0.3cm 平針縫。

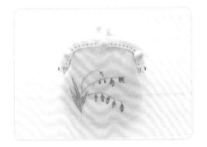

06 包口中心與口金中心對齊，並用口金固定器固定位置，另一側作法相同。

07 參考 P.55「毬蘭」製作步驟13-27 完成口金框縫製。

蒺藜
口金包

embroidery
frame purse

台灣蒺藜五角形的果實長著短刺，可以藉由動物
或海水潮流傳播，因此除了中南部沿海沙岸，在
離島澎湖和小琉球地區也有她們的身影。

刺繡 1:1 完成圖——蒺藜

堅韌的蔓荊在豔陽下匍匐，載著點點黃花和草綠如羽毛般的葉子。

刺繡材料	DMC 繡線：	○ #3865 白	
	● #563 淺綠	#3078 淺黃	* ①～④為刺繡順序

※ 本書版型皆為實版，未加縫份。表裡布縫份請外加 1 公分，鋪棉不加縫份。

接合點▷

折雙線

包側片

止縫點

包底中心　　　　　　　包口中心　　　　　　　接合點▷

① ● #563(6) 結粒繡 1 圈

② ○ #3865(2) 結粒繡 1 圈

接合點 △　　　　　　　　　　　　　　　△ 接合點

③ ● #563(1) 雛菊繡

④ #3078(2) 雛菊繡 3 層

包底中心

61

蒺藜　原寸繡圖 ▶ p.61

口金包
材料

✓ 表布 30×40 公分
✓ 裡布 30×40 公分

✓ 單膠鋪棉 30×40 公分
✓ 木頭圓口金 12.5 公分

[How to make 製作方法]

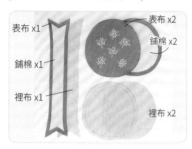

01　將表、裡布裁片準備好，單膠鋪棉燙於表布。

02　表布正面依照記號位置與表側片布正正相對接合，表側片布打斜牙口才可順利轉彎成漂亮的弧度，先完成一邊後再接合另一邊。

03　表裡布依照上一個步驟接合方式各自完成。

04　表裡布正正相對，包口整圈縫合，留返口。

05　兩側止縫點各打一個牙口。

06　包口縫份剪牙口，除返口處。

07　翻至正面後，包口以藏針縫收口。

08　包口以捲針縫固定紙繩。

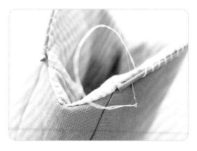

09　紙繩長度距離止縫點 1-2 公分即可。

10 其中一邊口金框內側均勻上白膠，可用竹籤或錐子協助。

11 將其中一邊布料以包口中心為準塞入口金框內，如發現口金框空間太大時，可趁白膠未乾之際，於口金框內側再塞入另一條紙繩。

12 另一側口金框內側也均勻上白膠，可用竹籤或錐子協助。

13 布料以包口中心為準塞入口金框內，如發現口金框空間太大時，可趁白膠未乾之際，於口金框內側再塞入另一條紙繩。

14 趁著白膠未乾之際將木頭口金內側螺絲拴緊。

15 準備兩個金屬掛耳。

16 並用螺絲起子轉開備用。

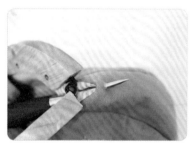

17 在側邊預定位置用錐子穿洞。

18 將金屬掛耳裝上鎖緊。

19 木頭口金包完成。裝上喜愛長度的金屬鍊，手提、側背、斜背都好看！

琥珀小皮傘
口金包

embroidery
frame purse

台灣多樣化的棲地類型和氣候下孕育著上千種野
菇，大雨過後，可愛的琥珀小皮傘就靜佇在落葉
堆裡，迷你到不能輕易發覺。

刺繡 1:1 完成圖——琥珀小皮傘

喝下縮小藥水，就可以跟著艾莉緹一起穿梭在野菇叢裡。

刺繡材料　　DMC 繡線：
　　　　　　　○ #ECRU 米
　　　　　　　╲ #3821 淺黃

※ 本書版型皆為實版，未加縫份。表裡布縫份請外加 1 公分，鋪棉不加縫份。

* ①～③為刺繡順序

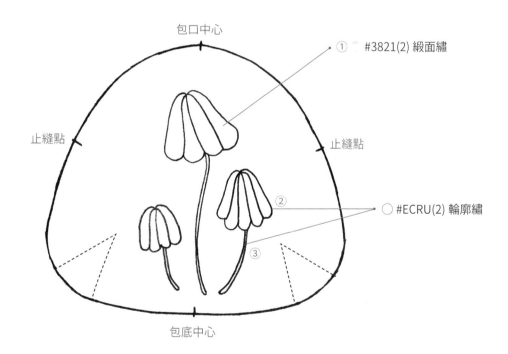

包口中心

① #3821(2) 緞面繡

止縫點　　　　　　　　　　　　　　　　　　止縫點

②

○ #ECRU(2) 輪廓繡

③

包底中心

琥珀小皮傘　原寸繡圖 ▶ p.67

口金包
材料

✓ 表布 10×20 公分
✓ 裡布 10×20 公分
✓ 單膠鋪棉 10×20 公分
✓ 圓口金 5 公分

[How to make 製作方法]

01 將菇類的蕈蓋依照圖案區塊，一片一片緞面繡，即可完成一朵琥珀小皮傘緞面繡的部分。

表布 x2　鋪棉 x2　裡布 x2

02 將表、裡布裁片準備好，單膠鋪棉燙於表布。

03 將表裡布所有褶子先車好。

04 表布正正相對，由其中一側止縫點沿完成線往下車至另一側止縫點，裡布同（如紅虛線）。

05 接合時為避免縫份過厚，褶子倒向需錯開。

返口

06 表裡布正正相對，包口整圈縫合，其中一側留返口。

07 翻至正面後，返口藏針縫收口，包口以捲針縫固定紙繩。

08 其中一邊口金框內側均勻上白膠,可用竹籤或錐子協助。

09 其中一邊布料以包口中心為準塞入口金框內,另一側口金框以相同方式製作。

10 最後於接近止縫點兩側的口金框用鉗子分次慢慢夾緊,不要一次太用力,免得口金框變形。

11 待白膠乾後一日完成。裝上金屬細鍊就變成可愛的項鍊零錢包。

含羞草
口金包

embroidery
frame purse

路旁、草地、河邊……到處可見的含羞草其實原產中南
美洲，16 世紀由荷蘭人引進台灣，是早年間的歸化種。

刺繡 1:1 完成圖──含羞草

指尖輕輕拂過翠綠的羽葉，所有的葉子瞬間閉合，那是兒時的回憶。

刺繡材料 ▶

DMC 繡線：
● #890 深綠　　　　○ #B5200 白
● #335 梅紅　　　　● #368 淺綠

※ 本書版型皆為實版，未加縫份。表裡布縫份請外加 1 公分，鋪棉不加縫份。

* ①～⑥為刺繡順序

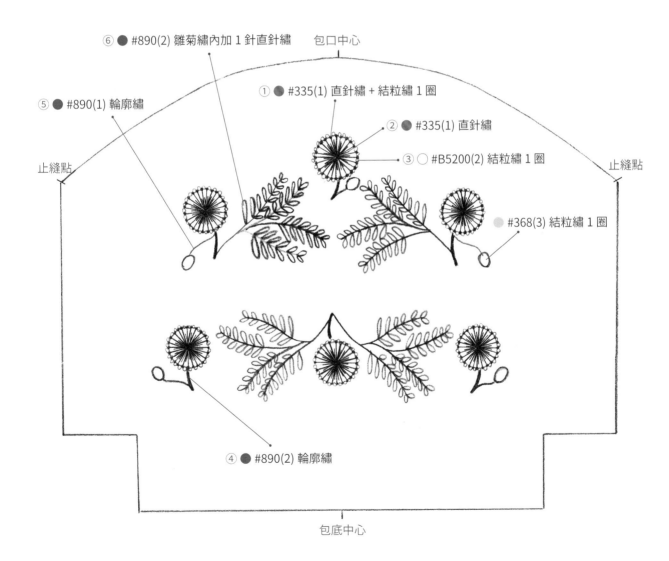

⑥ ● #890(2) 雛菊繡內加 1 針直針繡　　包口中心

⑤ ● #890(1) 輪廓繡

① ● #335(1) 直針繡 + 結粒繡 1 圈

② ● #335(1) 直針繡

③ ○ #B5200(2) 結粒繡 1 圈

止縫點　　　　　　　　　　　　　　　　　　　　止縫點

● #368(3) 結粒繡 1 圈

④ ● #890(2) 輪廓繡

包底中心

含羞草 原寸繡圖 ▶ p.73

口金包材料
- ✓ 表布 20×30 公分
- ✓ 裡布 20×30 公分
- ✓ 單膠鋪棉 20×30 公分
- ✓ 櫛型口金 10 公分

[How to make 製作方法]

01 將繡花圖用熱消筆轉寫於布上。

02 將布料用繡框繃好。

03 繡花圖完成後背面先燙一層薄襯增加挺度（表布偏薄時可以這麼做），並將底部接合臨邊03cm 壓線。

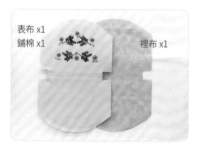

表布 x1
鋪棉 x1
裡布 x1

04 將表、裡布裁片準備好，單膠鋪棉燙於表布背面。

05 包體製作參照蕨類步驟 3-4 後表裡布正正相對。

06 表裡布接合時，可將縫份倒至另一側。

07 包口整圈縫合，於其中一側留返口。

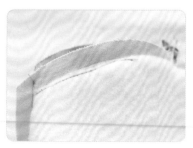

08 表裡布接合時不要車到縫份。

09 包口縫份剪牙口，除返口處。

10 翻至正面，返口以藏針縫收口後，包口以捲針縫固定紙繩。

11 其中一邊口金框內側均勻上白膠，可用竹籤或錐子協助。

12 將其中一邊布料以包口中心為準塞入口金框內。

13 內側用專用錐子整理好。

14 於接近止縫點兩側的口金框用鉗子分次慢慢夾緊，不要一次太用力，免得口金框變形。

15 另一側口金框以相同方式製作。

16 待白膠乾後一日完成。大部分的口金框都有預留配件孔，可吊掛自己喜歡的裝飾。

台灣原生種的楓樹大約有六種，從平地到中海拔
的山區都可以看見，天氣轉涼時走一趟中部山林，
就能欣賞染紅的山野景致。

楓葉
口金包
embroidery
frame purse

蕨類
口金包
embroidery
frame purse

台灣由於地理、緯度、氣候多種複雜的生態環
境，擁有全世界最豐富的蕨類植物，全島各種地
景都可以見到這種承載著歲月的古生物。

刺繡 1:1 完成圖——楓葉

與赤腹松鼠共乘夕陽,看著滿天紅葉。

刺繡材料

DMC 繡線：
- ● #351 淺橘紅
- ○ #ECRU 米
- ● #310 黑
- ● #350 橘紅
- ● #301 茶色
- ● #349 深橘紅
- ● #400 褐色

※ 本書版型皆為實版，未加縫份。表裡布縫份請外加 1 公分，鋪棉不加縫份。

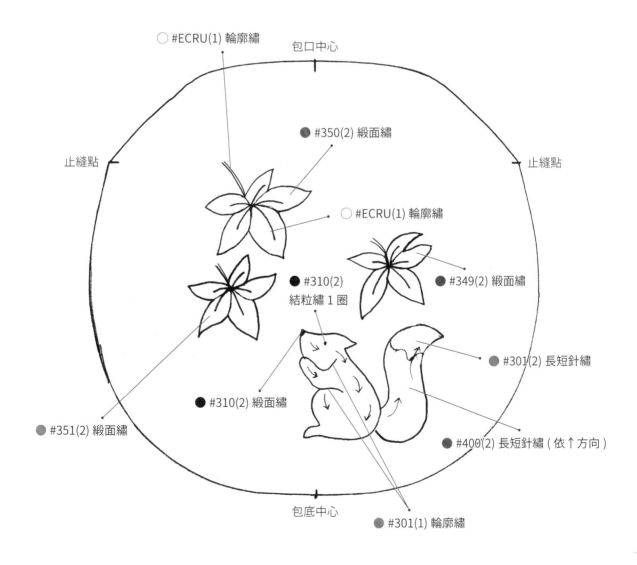

○ #ECRU(1) 輪廓繡

包口中心

● #350(2) 緞面繡

止縫點　　　　　　　　　　　　　　　止縫點

○ #ECRU(1) 輪廓繡

● #310(2)
結粒繡 1 圈

● #349(2) 緞面繡

● #301(2) 長短針繡

● #310(2) 緞面繡

● #351(2) 緞面繡

● #400(2) 長短針繡 (依↑方向)

包底中心

● #301(1) 輪廓繡

刺繡 1:1 完成圖——蕨類

用一針一線記錄著不同姿態的蕨類，
讓他們成為心中獨一無二的植物圖鑑。

止縫點

刺繡材料

DMC 繡線：
● #319 深綠
　#14 淡黃綠
○ #16 黃綠

* ①～③為刺繡順序

● #319(1) 緞面繡

● #319(1) 輪廓繡

③ ○ #16(1) 緞面繡後加 (深灰區塊)

② #14(2) 緞面繡打底 (白色區塊)

① #14(1) 輪廓繡

● #319(1) 直針繡　　　● #319(1) 回針繡

包底中心

包口中心

● #319(1) 輪廓繡

#14(1) 雛菊繡　　　　#14(3) 直針繡 2~3 回填滿

#14(1) 輪廓繡

● #319(1) 輪廓繡　　　● #319(3) 直針繡 1 回

※ 本書版型皆為實版，未加縫份。
表裡布縫份請外加 1 公分，鋪棉不加縫份。

止縫點

楓葉　原寸繡圖 ▶ p.79

原寸繡圖 ▶ p.79

口金包 材料
- ✓ 表布 15×30 公分
- ✓ 裡布 15×30 公分
- ✓ 單膠鋪棉 15×30 公分
- ✓ 方口金框 8 公分

蕨類　原寸繡圖 ▶ p.81

原寸繡圖 ▶ p.81

口金包 材料
- ✓ 表布 26×30 公分
- ✓ 裡布 26×30 公分
- ✓ 單膠鋪棉 26×30 公分
- ✓ 方口金框 20×5 公分 (短腳)

[How to make 楓葉製作方法]

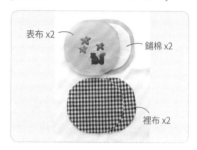

表布 x2　鋪棉 x2　裡布 x2

01 將表、裡布裁片準備好，單膠鋪棉燙於表布背面。

02 表布正正相對、裡布正正相對，由其中一側止縫點沿完成線往下車至另一側止縫點 (如紅虛線)。

返口

03 將表裡布正正相對套好並把包口縫合，由其中一側止縫點沿完成線車至另一側止縫點，其中一側留返口，注意不要車到縫份，包體所有縫份有弧度的地方修剪牙口，返口除外。

04 從返口翻至正面。

05 返口藏針縫收口。

06 包口縫口金的位置整圈臨邊 0.3cm 平針縫。

07 以中心為主，將口金框用口金固定器固定好，再以手縫線以捲針假縫固定口金框，拆掉口金固定器後備用。

08 口金框縫製方式請參照 P.55「毬蘭」步驟 13-27。

[How to make 蕨類製作方法]

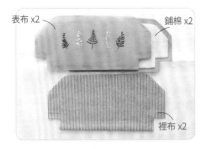

01 將表、裡布裁片準備好，單膠鋪棉燙於表布。

02 表布正正相對縫合後將縫份燙開，並於底部中心接合線兩端壓線。

03 包體左右側邊接合。

04 底部打角接合。

05 裡布作法相同完成後，表裡布正正相對，包口整圈縫合，其中一側留返口。

06 表裡布接合時不要縫到縫份。

07 包口縫份剪牙口，除返口處。

08 翻至正面，返口藏針縫收口後，包口以捲針縫固定紙繩。

09 其中一邊口金框內側均勻上白膠，可用竹籤或錐子協助。

10 將其中一邊布料以包口中心為準塞入口金框內，如發現口金框空間太大時，可趁白膠未乾之際，於口金框內側再塞入另一條紙繩。

11 另一側口金框以相同方式製作，最後於接近止縫點兩側的口金框用鉗子分次慢慢夾緊，不要一次太用力，免得口金框變形。

12 完成。

小木通
口金包

embroidery
frame purse

小木通是台灣高山的特有植物，大多分布於中央
山脈的高海拔區，雖名為木通卻不是木通科，屬
於毛茛科鐵線蓮屬的植物。

刺繡 1:1 完成圖——小木通

冬日裡，戴著奇特鐘型小帽的紫色仙子，正在舉行山中的盛大慶典。

刺繡材料 ▶ DMC 繡線：

○ #ECRU 米	● #319 深綠	● #989 淺綠
● #33 紫	#164 淡綠	

※ 本書版型皆為實版，未加縫份。表裡布縫份請外加 1 公分，鋪棉不加縫份。

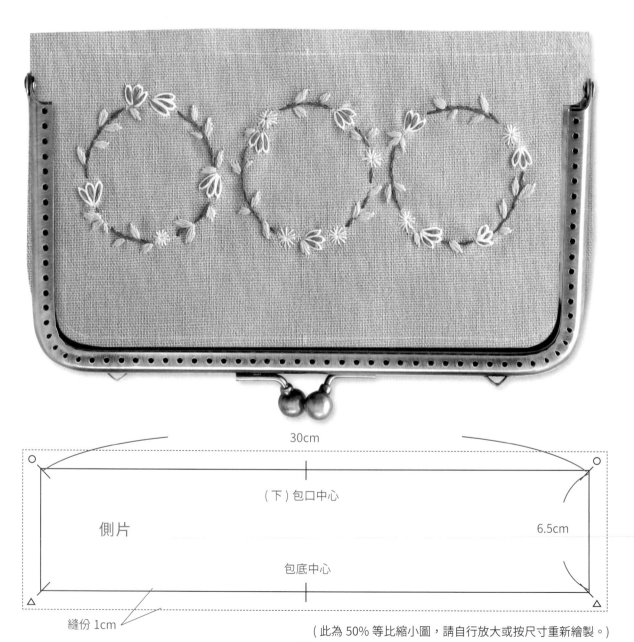

側片

30cm

（下）包口中心

6.5cm

包底中心

縫份 1cm

（此為 50% 等比縮小圖，請自行放大或按尺寸重新繪製。）

註：○×△ 為接合對齊記號

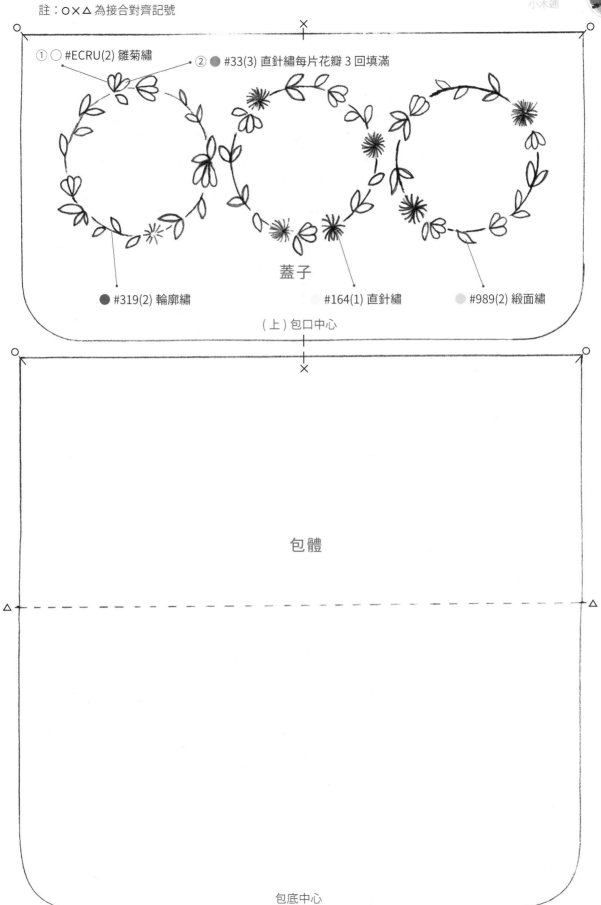

① ○ #ECRU(2) 雛菊繡   ② ● #33(3) 直針繡每片花瓣 3 回填滿

蓋子

● #319(2) 輪廓繡   ○ #164(1) 直針繡   ● #989(2) 緞面繡

(上) 包口中心

包體

包底中心

小木通　原寸繡圖 ▶ p.87

口金包材料

- ✓ 表布 35×45 公分
- ✓ 裡布 35×45 公分
- ✓ 單膠鋪棉 35×45 公分
- ✓ 方型長腳口金 15×8 公分

[How to make 製作方法]

側片
表布 ×1
裡布 ×1
鋪棉 ×1

包體
表布 ×1
裡布 ×1
鋪棉 ×1

蓋子
表布(刺繡)×1
裡布(素色)×1
鋪棉 ×1

01 把表、裡布與單膠棉剪好，並將單膠棉燙於表布背面。

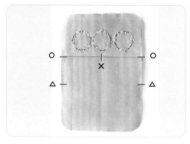

02 將表布包體與蓋子接合。

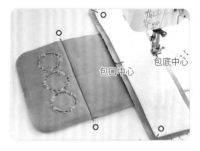

包口中心　包底中心

03 包體與包側片接合，以中心點為主往兩側接合。

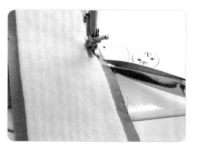

04 接近轉彎處時先將側片布打牙口。

05 將側片布順著包體的弧度轉彎車縫。

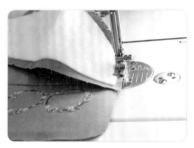

06 其中一側車縫完成。

轉彎前側片布打一個牙口

07 車縫另一側。

08 將側片布順著包體的弧度轉彎車縫。

09 表裡布作法相同，各自完成。

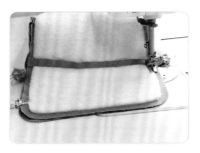

10 將表裡布正正相對套好。

11 將包蓋處接合（如黃虛線）。

12 再將包口縫合，由其中一側止縫點沿完成線車至另一側止縫點，於包口中心留返口，注意不要車到縫份。（此處止縫點為O記號位置）

13 蓋子的縫份以鋸齒剪修一半。

14 從返口翻至正面後藏針縫收口，包口縫口金的位置整圈臨邊 0.3cm 平針縫。

15 以包口中心為主，將口金框用口金固定器固定好。

16 先縫合靠近包主體一側，口金的縫合方式參照 P.55「毬蘭」步驟 13-19。

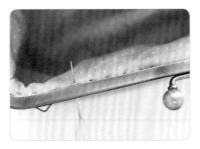

17 由包內向外出針時，只挑一小針，所以會是斜角出針，口金包內側的縫線段才會盡量短，看起來比較美觀，由包外向內入針時，將針打直即可。

18 口金的縫合方式參照 P.55「毬蘭」步驟 20-24。

19 口金的縫合方式參照 P.56「毬蘭」步驟 25-27。

20 蓋子側的口金框以相同方式縫上完成。

21 裝上小流蘇完成口金包。

甜根子草
口金包

embroidery
frame purse

因甜根子草的特性，常被作爲海濱或溪畔的定風定沙植物。
全台許多河岸秋冬時節的白雪皚皚，並不是自然形成，而
是由河川局刻意大面積栽種以降低揚塵。

波緣葉櫟為常綠闊葉樹，是台灣特有種的熱帶性殼斗科植物，分布的範圍僅止於東南部海拔900-1400 公尺處散生。

波緣葉櫟
口金包
embroidery
frame purse

刺繡 1:1 完成圖——甜根子草

銀白色浪花在凜冽的風中起伏，絲柔的花序寫著浪漫的詩句。

刺繡材料	DMC 繡線：
	○ #BLANC 淺米　　　　● #3364 草綠
	○ #ECRU 米

※ 本書版型皆為實版，未加縫份。表裡布縫份請外加 1 公分，鋪棉不加縫份。

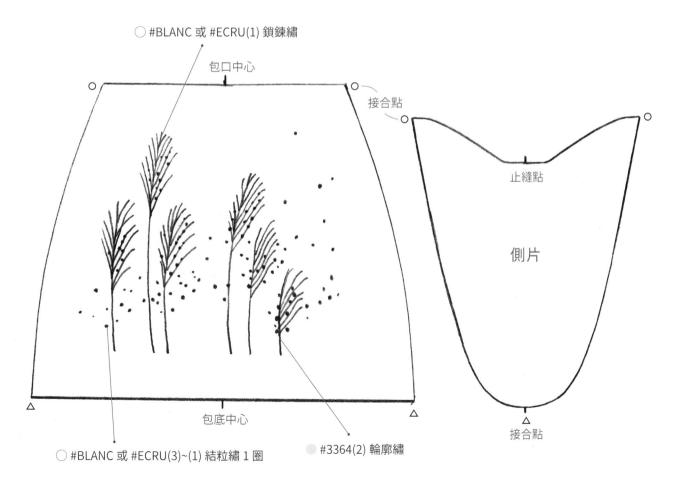

○ #BLANC 或 #ECRU(1) 鎖鍊繡

包口中心

接合點

止縫點

側片

接合點

包底中心

○ #BLANC 或 #ECRU(3)~(1) 結粒繡 1 圈　　　● #3364(2) 輪廓繡

93

刺繡 1:1 完成圖——波緣葉櫟

巨木下的小果實叮叮咚咚地降落地面，輕輕敲打出山野間的旋律。

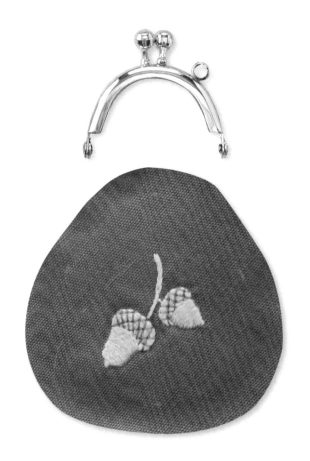

刺繡材料

DMC 繡線：
● #433 棕
● #435 淺棕
● #989 草綠
● #738 奶油

※ 本書版型皆為實版，未加縫份。表裡布縫份請外加 1 公分，鋪棉不加縫份。

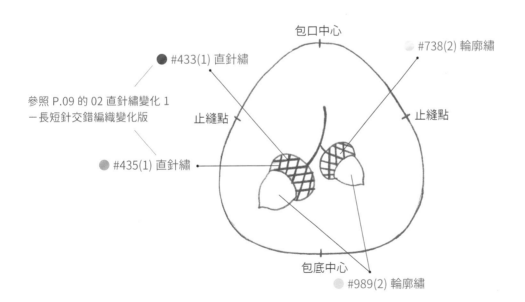

包口中心

● #433(1) 直針繡

● #738(2) 輪廓繡

參照 P.09 的 02 直針繡變化 1
－長短針交錯編織變化版

止縫點

止縫點

● #435(1) 直針繡

包底中心

● #989(2) 輪廓繡

甜根子草　原寸繡圖 ▶ p.93

原寸繡圖 ▶ p.93

口金包
材料

✓ 表布 25×30 公分　　　✓ 單膠鋪棉 25×30 公分
✓ 裡布 25×30 公分　　　✓ 方口金框 8 公分

[How to make 製作方法]

01　用熱消筆將刺繡圖案轉寫於布上，並用繡框繃好。

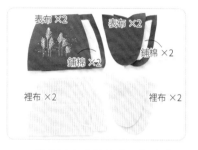

02　繡花圖完成後把表、裡布與單膠棉裁剪好，並將單膠棉燙於表布背面。

03　先接合包體底部（參照 P.83「蕨類」步驟 2），再將左右兩側裁片依照記號位置接上，表裡布作法相同。

04　表裡布正正相對接合包口，並於其中一側留返口翻至正面。

05　返口藏針縫收口，包口縫口金的位置整圈臨邊 0.3cm 平針縫。

06　以包口中心為主，將口金框用口金固定器固定好。

07　口金框的縫製方式參照 P.55「毬蘭」步驟 13-27 完成。

波緣葉櫟 原寸繡圖 ▶ p.95

口金包 材料	✓ 表布 10×20 公分 ✓ 單膠鋪棉 10×20 公分
	✓ 裡布 10×20 公分 ✓ 圓口金框 3.6 公分

[How to make 製作方法]

01 將表、裡布裁片準備好，單膠鋪棉燙於表布背面。

02 表布正正相對、裡布正正相對，由其中一側止縫點沿完成線往下車至另一側止縫點，將返口位置留在裡布包底(在包口尺寸較小或是包口版型弧度特別彎的時候可以這樣做)。

03 將表裡布正正相對套好並把包口縫合，由其中一側止縫點沿完成線車至另一側止縫點，注意不要車到縫份。

04 包體所有縫份修小至 0.4 公分，返口除外(在包型尺寸偏小時，可將縫份直接修剪小，不需要剪牙口)。

05 從返口翻至正面後返口藏針縫收口，包口以捲針縫固定紙繩。

06 其中一邊口金框內側均勻上白膠，可用竹籤或錐子協助。

04 將其中一邊布料以包口中心為準塞入口金框內，另一側口金框以相同方式製作。

05 最後於接近止縫點兩側的口金框用鉗子分次慢慢夾緊，不要一次太用力，免得口金框變形。

06 待白膠乾後一日完成。於配件孔裝上問號鉤，就是可愛的鑰匙圈。

土丁桂
口金包

embroidery
frame purse

台灣原產的土丁桂，大多分布在近海的沙地，恆春海岸、澎湖、小琉球最多，是中藥材也是定沙植物。

刺繡 1:1 完成圖——土丁桂

陽光流瀉而下，藍紫色的寶石，閃著晶瑩的光芒。

刺繡材料

DMC 繡線：
- #3078 鵝黃
- #08 木
- #3838 藍紫
- #26 淡紫
- #BLANC 淺米
- #E168 銀蔥

※ 本書版型皆為實版，未加縫份。表裡布縫份請外加 1 公分，鋪棉不加縫份。

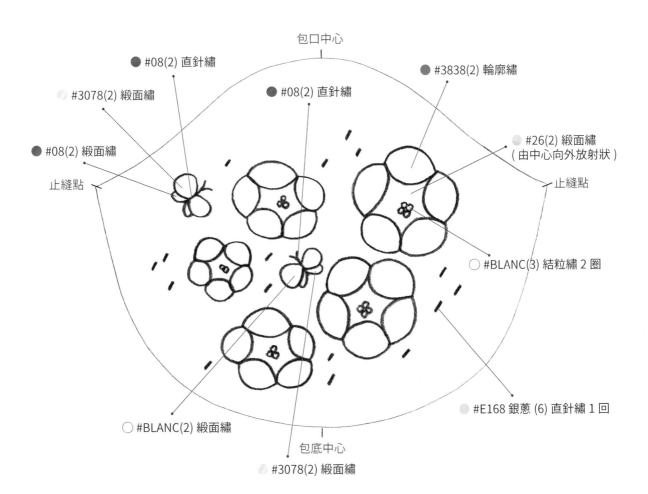

包口中心

#08(2) 直針繡

#3078(2) 緞面繡

#08(2) 直針繡

#3838(2) 輪廓繡

#08(2) 緞面繡

#26(2) 緞面繡
(由中心向外放射狀)

止縫點

止縫點

#BLANC(3) 結粒繡 2 圈

#BLANC(2) 緞面繡

#E168 銀蔥 (6) 直針繡 1 回

包底中心

#3078(2) 緞面繡

土丁桂　原寸繡圖 ▶ p.101

口金包材料

✓ 表布 15×30 公分　　✓ 單膠鋪棉 15×30 公分
✓ 裡布 15×30 公分　　✓ 圓口金框 10.5 公分

[How to make 製作方法]

01 把表、裡布與單膠棉裁剪好，並將單膠棉燙於表布背面。

02 表布正正相對、裡布正正相對，由其中一側止縫點沿完成線往下車至另一側止縫點。

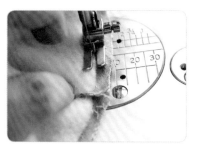

03 將表裡布正正相對套好包口縫合，由其中一側止縫點沿完成線車至另一側止縫點，於其中一側留返口，注意不要車到縫份。

04 包體所有縫份有弧度的地方修剪牙口，返口除外。

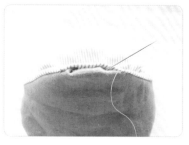

05 從返口翻至正面後藏針縫收口。

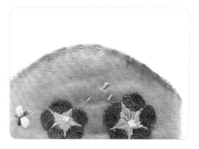

06 包口縫口金的位置整圈臨邊0.3cm 平針縫。

07 以包口中心為主，將口金框用口金固定器固定好。

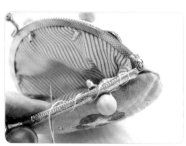

08 新手可用手縫線以捲針假縫固定口金框。

09 拆掉口金固定器後備用。

10 雙線打結，從口金框正中心下方入針穿至包內側，並將線頭藏於口金框內。

11 口金縫製方式參照 P.55「毬蘭」步驟 14-19。

12 口金縫製方式參照 P.55「毬蘭」步驟 20-25。

13 口金縫製方式參照 P.56「毬蘭」步驟 26-27。

14 另一邊口金框以一樣的方式縫上完成。